BEI GRIN MACHT SICH IHR WISSEN BEZAHLT

AF135526

- Wir veröffentlichen Ihre Hausarbeit,
  Bachelor- und Masterarbeit

- Ihr eigenes eBook und Buch -
  weltweit in allen wichtigen Shops

- Verdienen Sie an jedem Verkauf

Jetzt bei www.GRIN.com hochladen
und kostenlos publizieren

Bibliografische Information der Deutschen Nationalbibliothek:

Die Deutsche Bibliothek verzeichnet diese Publikation in der Deutschen National-bibliografie; detaillierte bibliografische Daten sind im Internet über http://dnb.d-nb.de/ abrufbar.

Dieses Werk sowie alle darin enthaltenen einzelnen Beiträge und Abbildungen sind urheberrechtlich geschützt. Jede Verwertung, die nicht ausdrücklich vom Urheberrechtsschutz zugelassen ist, bedarf der vorherigen Zustimmung des Verlages. Das gilt insbesondere für Vervielfältigungen, Bearbeitungen, Übersetzungen, Mikroverfilmungen, Auswertungen durch Datenbanken und für die Einspeicherung und Verarbeitung in elektronische Systeme. Alle Rechte, auch die des auszugsweisen Nachdrucks, der fotomechanischen Wiedergabe (einschließlich Mikrokopie) sowie der Auswertung durch Datenbanken oder ähnliche Einrichtungen, vorbehalten.

Impressum:

Copyright © 2017 GRIN Verlag
Druck und Bindung: Books on Demand GmbH, Norderstedt Germany
ISBN: 9783346021434

Dieses Buch bei GRIN:

https://www.grin.com/document/499806

Anonym

Aus der Reihe: e-fellows.net stipendiaten-wissen

e-fellows.net (Hrsg.)

Band 3248

Cyclometallierter Platin(II)-Komplex

GRIN Verlag

GRIN - Your knowledge has value

Der GRIN Verlag publiziert seit 1998 wissenschaftliche Arbeiten von Studenten, Hochschullehrern und anderen Akademikern als eBook und gedrucktes Buch. Die Verlagswebsite www.grin.com ist die ideale Plattform zur Veröffentlichung von Hausarbeiten, Abschlussarbeiten, wissenschaftlichen Aufsätzen, Dissertationen und Fachbüchern.

Besuchen Sie uns im Internet:

http://www.grin.com/

http://www.facebook.com/grincom

http://www.twitter.com/grin_com

Universität zu Köln

Mathematisch-Naturwissenschaftliche Fakultät

Department Chemie

Cyclometallierter Platin(II)-Komplex

Inhaltsverzeichnis

1 Einleitung und Kenntnisstand

Platin ist ein schmiedbares und korrosionsbeständiges Übergangsmetall. Als grau-weißes Edelmetall befindet es sich in der 10. Gruppe im Periodensystem mit Nickel und Palladium. Es besitzt die Elektronenkonfiguration $[Xe]4f^{14}5d^96s^1$.[1]

1.1 Komplexverbindungen mit Platin

Das Element bevorzugt in Komplexverbindungen die Oxidationsstufen +II und +IV. Platin-Komplexe mit der Oxidationsstufe +II bilden einen quadratisch-planaren Koordinationspolyeder unabhängig von den Liganden. Dabei handelt es sich um einen diamagnetischen low-spin-Komplex mit d^8-Konfiguration und einer großen Ligandenfeldaufspaltung. In Abbildung 1 ist zu erkennen, wie sich die d-Orbitale in $[PtCl_4]^{2-}$ aufspalten und besetzt werden.[1]

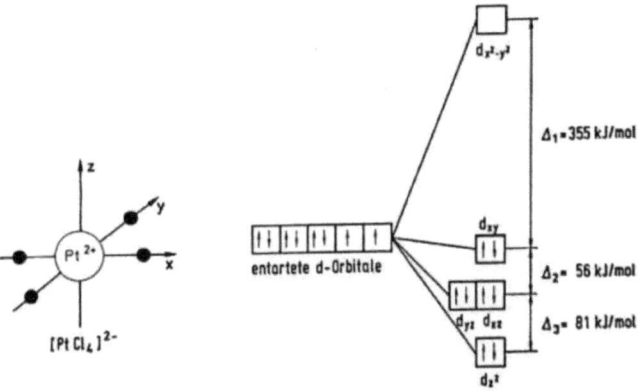

Abbildung 1: Aufspaltung und Besetzung der d-Orbitale im quadratisch-planaren Komplex $[PtCl_4]^{2-}$. Da Δ_1 größer ist als die aufzuwendende Spinpaarungsenergie, entsteht ein low-spin-Komplex mit großer LFSE (Ligandenfeldstabilisierungsenergie).[1]

1.2 Absorption und Emission von Licht

Einige Moleküle können durch elektromagnetische Strahlung im ultravioletten und sichtbaren Bereich lumineszieren. Dabei werden Elektronen in energetisch höhere Orbitale angeregt. Durch das *Franck-Condon*-Prinzip kann erklärt werden, welche Übergänge zwischen verschiedenen Schwingungszuständen eines Moleküls wahrscheinlicher sind.[2] Bei Einstrahlung anregender Wellen geht das Molekül durch Absorption der Energie des eingestrahlten Photons aus dem elektronischen

1

Grundzustand S_0 in ein schwingungsangeregtes Niveau des elektronisch angeregten Zustandes S_1 über. Zunächst erfolgt eine Schwingungsrelaxation in eine ähnliche Geometrie, wobei dieser Übergang strahlungslos ist. Die Relaxation in den Grundzustand kann nun verschieden erfolgen. Die möglichen Übergänge sind im Jablonski-Termschema (Abbildung 2) veranschaulicht.[3]

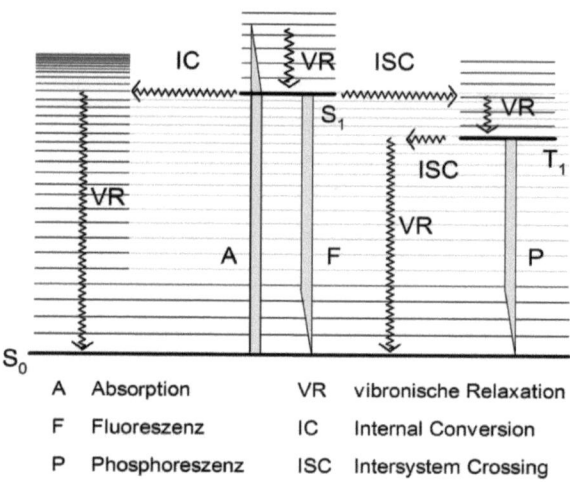

A	Absorption	VR	vibronische Relaxation
F	Fluoreszenz	IC	Internal Conversion
P	Phosphoreszenz	ISC	Intersystem Crossing

Abbildung 2: Jablonski-Termschema: Nach der Absorption kann es zu einem strahlungslosen Zerfall oder zur Emission von Licht kommen.[4]

Strahlungslos kann die Energie durch interne Konversion (IC) aus einem elektronisch angeregten Zustand in einen stark schwingungsangeregten Zustand des S_0-Zustandes abgegeben werden. Unter Emission von Licht kann die Energieabgabe aus dem angeregten Singulett-Zustand S_1, welche als Fluoreszenz bezeichnet wird, erfolgen. Durch Intersystem Crossing (ISC) kann es zu einem strahlungslosen Übergang aus einem angeregten Singulett-Zustand in einen Triplett-Zustand T_1 kommen. Die Emission von Licht aus einem Triplett-Zustand wird als Phosphoreszenz bezeichnet. Dadurch, dass ISC und der Übergang aus dem Triplett-Zustand spinverboten sind, ist dieser Vorgang verglichen mit der Fluoreszenz langlebiger.[3] Durch die starke Spin-Bahn-Kopplung von Platin sind Emissionen von Pt(II)-Komplexen im sichtbaren Bereich den angeregten Triplett-Zuständen zuzuschreiben.

2 Motivation und Zielsetzung

Es gibt verschiedene Möglichkeiten, um die Lumineszenz von Platin-Komplexen zu erhöhen. Vorab wird geklärt, welche Übergänge in einem quadratisch-planaren Platin-Komplex möglich sind.

Bei Anregung eines Valenzelektrons ist ein d-d-Übergang sehr wahrscheinlich, wobei dieses in das unbesetzte dx^2-y^2-Orbital transferiert wird. Wenn das Elektron in den Schwingungsgrundzustand zurückfällt, ist die strahlungslose Abgabe der Energie über den isoenergetischen Punkt in den Grundzustand begünstigt (Abb. 3a). Das liegt daran, dass sich die Kernkoordinaten des angeregten Zustands durch den antibindenden Charakter stark vom Grundzustand unterscheiden. So wird ein strahlungsloser Zerfall über einen IC- bzw. ISC-Vorgang begünstigt und der Komplex zeigt in der Regel keine Lumineszenz.[5]

Werden π-konjugierte Liganden eingeführt, so sind auch andere elektronische Übergänge möglich. Zum einen kann es zu Intraligand (π-π*) oder Metall-zu-Ligand-Charge-Transfer (d-π*) Übergängen kommen.[6]

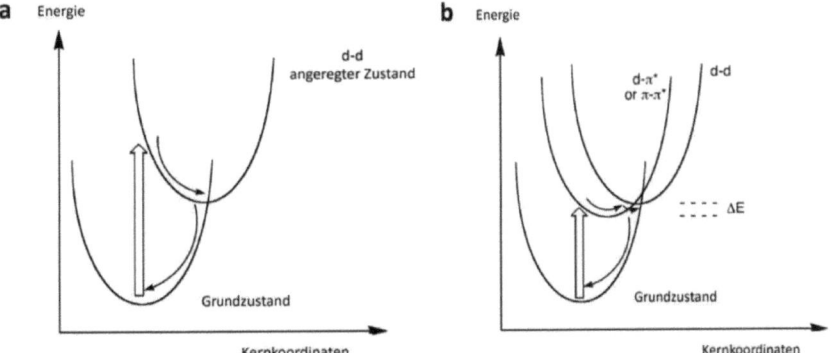

Abbildung 3: a) Strahlungsloser Zerfall bei einem d-d-Übergang durch stark verschobene Kernkoordinaten verglichen zum Grundzustand. b) Emittierender Zustand weist niedrigere Energie auf als angeregter d-d-Zustand, kann allerdings noch zum strahlungslosen Zerfall führen.[6]

Aus diesen angeregten Zuständen ist eine Abgabe der Energie unter Emission von Licht möglich. Zur Verbesserung der Emissionseigenschaften sind folgende Strategien möglich: Unabhängig von der Temperatur kann die Energie des emittierenden

Zustandes gesenkt, die Energie des angeregten d-d-Zustandes erhöht oder definierte Liganden mit weniger Schwingungsfreiheitsgeraden eingeführt werden. So wird der Ligand mit Aryl-Substituenten erweitert und ein Coligand eingeführt werden, der für eine starke Ligandenfeldaufspaltung sorgt. Hierfür sind insbesondere cyclometallierende Liganden vorteilhaft, da hier ein Chelateffekt vorliegt und das Carbanion eine große Aufspaltung begünstigt.[7]

3 Ergebnisse und Diskussion

3.1 Synthese des C^N^N-Liganden

Die Synthese des Liganden erfolgte über die *Kröhnke*-Pyridin-Synthese.[8] Allgemein kann der Ligand nach einer Vorschrift von *L. Kürti et al.* aus Acetylmethylpyridiniumsalzen, einem Chalkon und Ammoniumacetat in einer Kondensationsreaktion (Schema 1) synthetisiert werden.[9] Anstatt der in der Literatur verwendeten Substituenten wurde Benzothiazol gewählt. Die Variation der Substituenten ist in dieser Reaktion ein Vorteil. So erhält man ein substituiertes Pyridin.

| Kröhnke-Reagenz | Chalkon | substituiertes Pyridin |

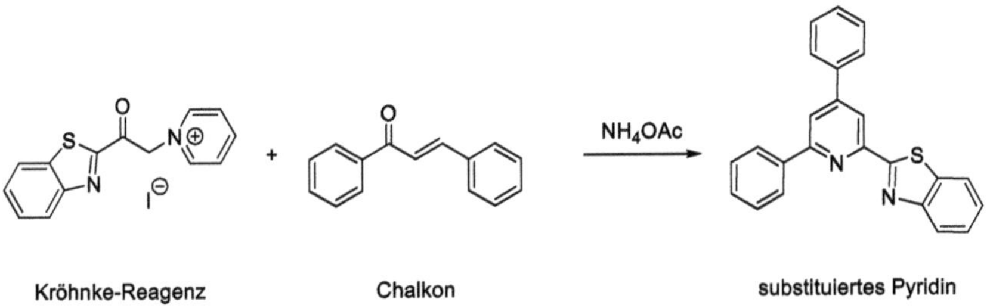

Schema 1: Synthese des hergestellten Liganden aus dem Kröhnke-Reagenz (Acetylmethylpyridinium-iodid) und einem Chalkon mit Ammoniumacetat.[9]

Um Acetylmethylpyridiniumsalze herzustellen, werden Methylketone in α-Position halogeniert und anschließend durch Pyridin substituiert. Die Reaktion (Schema 2) wurde in Anlehnung an die Vorschrift von *Kankare et al.* mit Iod und 2-Acetylbenzothiazol in Pyridin durchgeführt.[10]

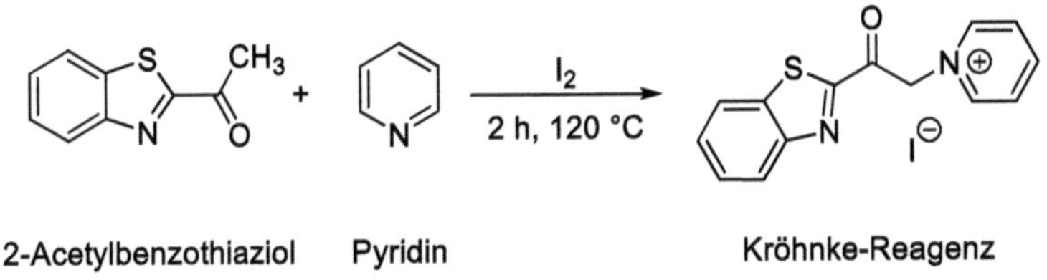

| 2-Acetylbenzothiaziol | Pyridin | Kröhnke-Reagenz |

Schema 2: Synthese des Acetylmethylpyridiniumiodids aus 2-Acetylbenzothiazol mit Iod und Pyridin.[10]

Die Ausbeute konnte nicht bestimmt werden, da nicht das gewünschte Produkt, sondern das Nebenprodukt Pyridiniumiodid entstand. Das Produkt war wahrscheinlich noch in der Waschphase und ist leider nicht ausgefallen. Das Nebenprodukt wurde mithilfe von ^{1}H-NMR-Spektren analysiert (siehe Anhang). Bei dieser Reaktion kann es zu einer Copräzipitation von Pyridiniumiodid kommen, welches durch Reaktion von Iodwasserstoff mit Pyridin gebildet wird.[11] Für die folgenden Synthesen wurde ein schon vorher hergestelltes Kröhnke-Reagenz verwendet.

Methylketone lassen sich durch mehrere Wege herstellen. Für das gewünschte Produkt wurde die Reaktion in Anlehnung an eine Literaturvorschrift durchgeführt.[12] Das Methylketon wurde aus Benzothiazol und N,N-Dimethylacetamid synthetisiert (Schema 3). Die Umsetzung erfolgte unter trockenen und basischen Bedingungen.

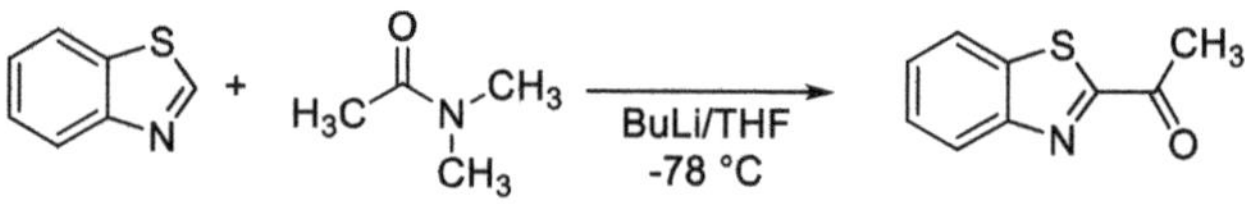

Benzothiazol   N,N-Dimethylacetamid   2-Acetylbenzothiazol

Schema 3: Synthese von 2-Acetylbenzothiazol aus Benzothiazol und N,N-Dimethylacetamid.[12]

Die Reaktion verlief über Nacht. Da Nebenprodukte entstanden, wurde das Produkt durch Säulenchromatographie aufgereinigt. Die Ausbeute betrug 23 %. Das Methylketon wurde durch ^{1}H-NMR-Spektren charakterisiert (siehe Anhang).

Die Synthese des Chalkons beruht auf einer Vorschrift, die es erlaubt aus Acetophenon mit Benzaldehyd unter basischen Bedingungen ein α,β-ungesättigtes Aryl-Keton mit Aryl-Substituenten in β-Position zu synthetisieren.[13] Hierbei handelt es sich um eine Aldolkondensation (Schema 4). Das Produkt wurde in einer Ausbeute von 55 % erhalten und wurde anhand ^{1}H-NMR-Spektren charakterisiert (siehe Anhang).

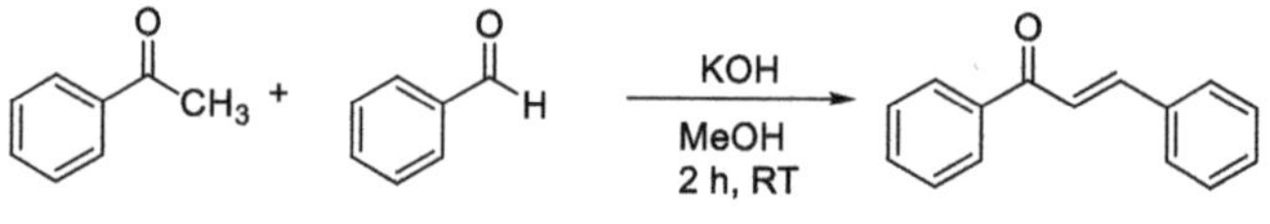

Acetophenon   Benzaldehyd   Chalkon

Schema 4: Synthese des Chalkons aus Acetophenon und Benzaldehyd.[13]

Der gesamte Syntheseweg zur Herstellung des Liganden ist in Schema 5 dargestellt. Der Ligand wurde aus Acetylmethylpyridiniumiodid und einem Chalkon zu einem 2,4,6-trisubstituierten Pyridin synthetisiert. Die Reaktion lief in Ammoniumacetat und Essigsäure ab. Der Ligand wurde über Kieselgelfiltration aufgearbeitet und durch Umkristallisation aus Ethanol weiter aufgereinigt. Insgesamt wurde der Ligand mit einer Ausbeute von 25 % synthetisiert.

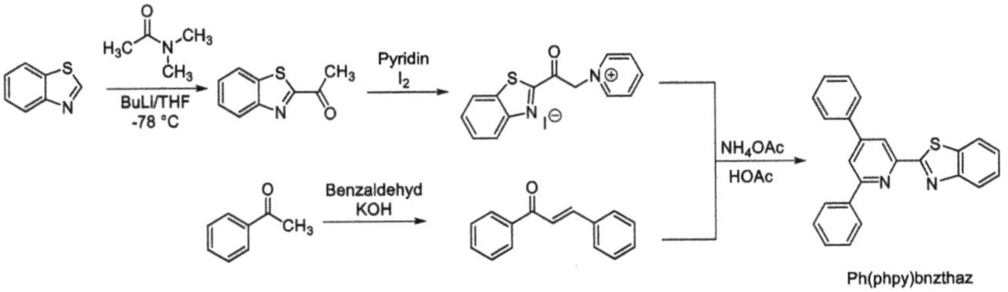

Schema 5: Syntheseweg des hergestellten Liganden Ph(phpy)bnzthaz über die *Kröhnke*-Pyridin-Synthese.

Die Zuordnungen des Liganden erfolgten durch 1-D- und 2-D-NMR-Spektren (^{1}H,^{1}H-COSY-, ^{1}H,^{1}H-NOESY-, ^{13}C,^{1}H-HMBC) und Prediction mit *MestReNova 6.0* (siehe Anhang). Abbildung 4 zeigt die vollständige NMR-spektroskopische Charakterisierung mit den chemischen Verschiebungen in ppm in CDCl$_3$.

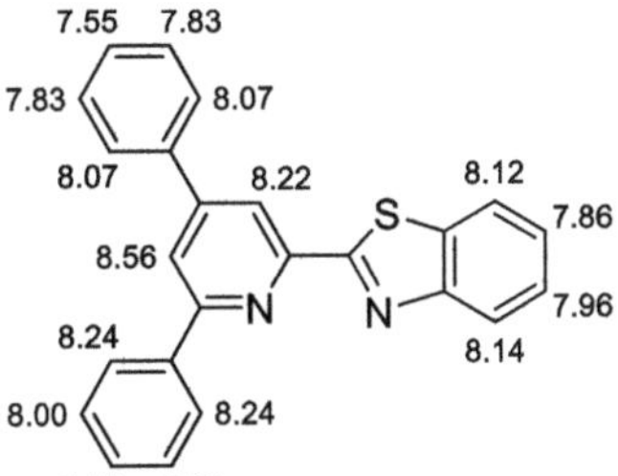

Abbildung 4: Struktur des Ph(phpy)bnzthaz mit den entsprechenden chemischen Verschiebungen in ppm im ^{1}H-NMR-Spektrum in CDCl$_3$.

Im ^{1}H-NMR-Spektrum (Abbildung 5) ist das außenstehende Signal bei 8,56 ppm dem Proton (H8) zuzuordnen, welches von beiden Seiten von aromatischen Ringen umgeben wird. Es handelt sich hierbei um ein Dublett mit einer ^{4}J$_{H,H}$-Kopplung. Das gegenüberliegende Proton (H16) ist ebenfalls ein Dublett mit einer ^{4}J$_{H,H}$-Kopplung und bei einem Signal von 8,22 ppm zu finden, während die Protonen in ortho-Postion eines Phenylrings (H2,6) bei 8,24 ppm liegen. Die gegenüberliegenden Protonen des Benzothiazol-Substituents liegen relativ nah beieinander. Während die azideren Protonen (H19 und H22) bei 8,12 und 8,14 ppm liegen, sind die anderen (H20 und H21) bei 7,86 und 7,98 ppm zu erkennen. Im anderen Phenylring sind die Protonen in ortho-Postion (H11,15) bei 8,07 ppm zu finden. Die Protonen in meta-Position (H3,5 und H12,14) sind bei 8,00 und 7,83 ppm zu erkennen. Die beiden Protonen in para-Position liegen relativ nah beieinander. Diese (H4 und H13) sind bei 7,56 und 7,55 ppm zu finden. Es ist keine Resonanz im Bereich von 2-7 ppm zu erkennen, da keine an sp^3-hybridisierte Kohlenstoffatome gebundenen Wasserstoffatome vorliegen.

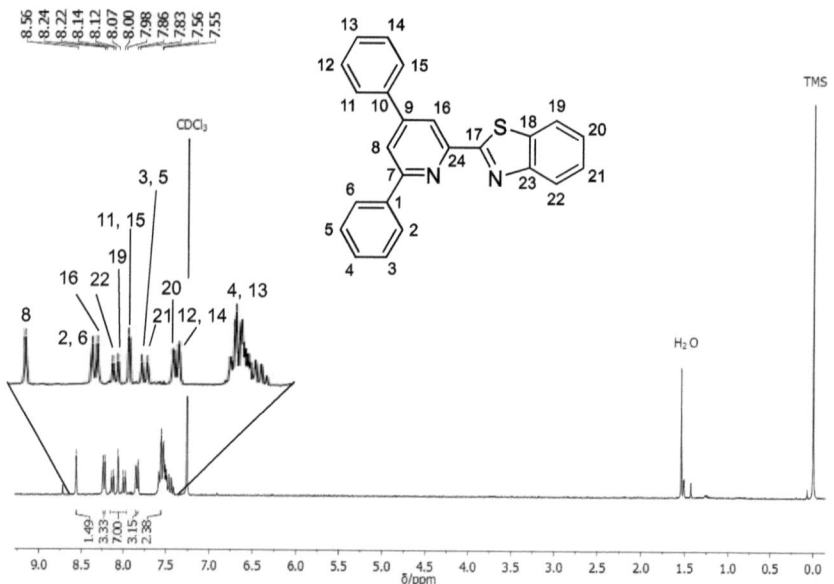

Abbildung 5: ^{1}H-NMR-Spektrum (300 MHz) von Ph(phpy)bnzthaz in CDCl$_3$.

3.2 Synthese des cyclometallierten Platin-Komplexes

Der Komplex wurde nach einer Vorschrift von *Che et al.* mit dem Liganden und K$_2$[PtCl$_4$] in Essigsäure erhitzt (Schema 6).[15] Das Gemisch wurde für drei Tage gerührt, damit das Tetrachloroplatinat möglichst vollständig umgesetzt wird. Der ausgefallene Niederschlag konnte abfiltriert werden und die Ausbeute lag bei 72 %.

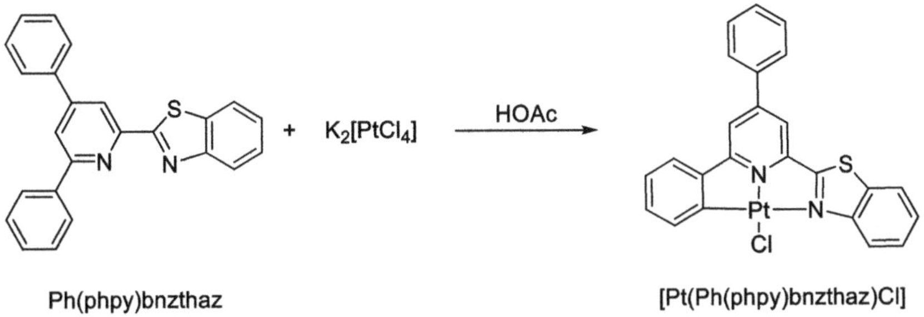

Ph(phpy)bnzthaz   [Pt(Ph(phpy)bnzthaz)Cl]

Schema 6: Synthese des cyclometallierten Komplexes [Pt(Ph(phpy)bnzthaz)Cl].[15]

Die Zuordnungen des Komplexes erfolgten durch ^{1}H-NMR-Spektren und Prediction mit *MestReNova 6.0* (siehe Anhang). Abbildung 6 zeigt die vollständige NMR-spektroskopische Charakterisierung mit den chemischen Verschiebungen in ppm in CDCl$_3$.

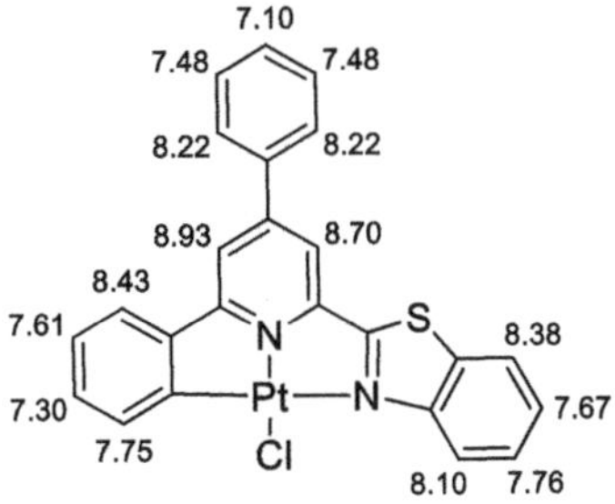

Abbildung 6: Struktur des [Pt(Ph(phpy)bnzthaz)Cl] mit den entsprechenden chemischen Verschiebungen in ppm im ^{1}H-NMR-Spektrum in in DMSO-*d*$_6$.

Das ¹H-NMR-Spektrum der Komplexverbindung ist in Abbildung 7 dargestellt. Es ist zu erkennen, dass die Auflösung der Signale der Verbindung nicht sehr hoch ist. Im Vergleich zum Spektrum des Liganden in Abbildung 5 hat sich der aromatische Bereich verändert. Durch die Metallierung weist der Komplex 15 Protonen auf, während der freie Ligand 16 Protonen zeigt. Das außenstehende Signal bei 8,93 ppm kann dem Proton (H8) zugeordnet werden, welches von beiden Seiten von aromatischen Ringen umgeben wird. Es handelt sich hierbei um ein Dublett mit einer ⁴J_{H,H}-Kopplung

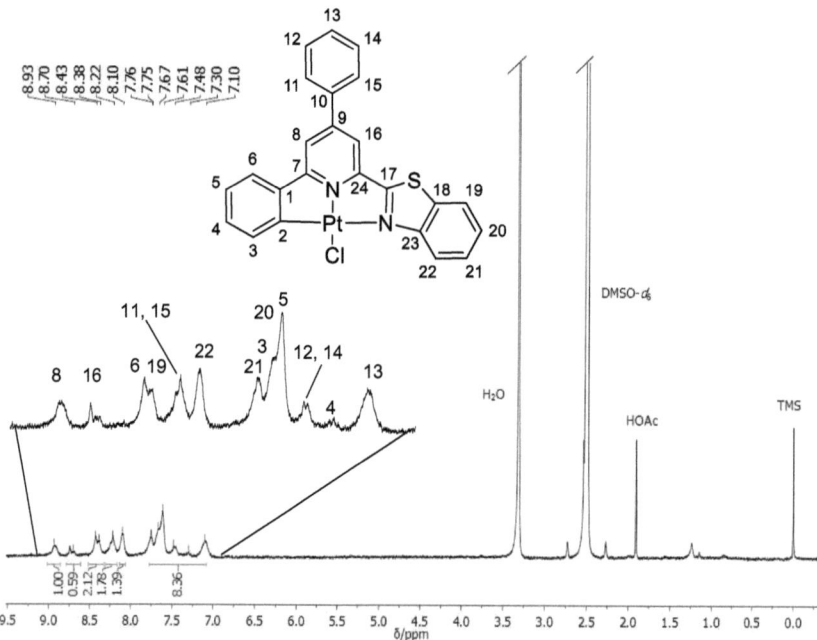

Abbildung 7: ¹H-NMR-Spektrum (300 MHz) von [Pt(Ph(phpy)bnzthaz)Cl] in DMSO-d₆.

Das gegenüberliegende Proton (H16) ist ebenfalls ein Dublett mit einer ⁴J_{H,H}-Kopplung und bei einem Signal von 8,70 ppm zu finden, während das Proton in ortho-Postion des Phenylrings (H6) bei 8,43 ppm liegt. Die gegenüberliegenden Protonen des Benzothiazol-Substituents liegen relativ weit auseinander. Während die azideren Protonen (H19 und H22) bei 8,38 und 8,10 ppm liegen, sind die anderen (H20 und H21) bei 7,67 und 7,76 ppm zu erkennen. Im anderen Phenylring sind die Protonen in ortho-Postion (H11,15) bei 8,22 ppm zu finden. Die Protonen in meta-Position (H12,14) sind bei 7,48 ppm zu erkennen. Die Protonen in meta-Position (H3 und H5) im anderen Phenyl-Ring sind bei 7,75 und 7,61 ppm zu finden. Die beiden Protonen in para-Position liegen relativ nah beieinander. Diese (H4 und H13) sind bei 7,30 und 7,10 ppm zu sehen. Es ist keine Resonanz im Bereich von 2-7 ppm zu erkennen, da keine an sp^3-hybridisierte Kohlenstoffatome gebundenen Wasserstoffatome vorliegen.

Aufgrund von literaturbekannten Verbindungen ist davon auszugehen, dass das Platin an Stickstoff des Benzothiazol-Substituents koordiniert und nicht am Schwefelatom. Die Signale sind leider nicht sehr eindeutig, weshalb keine Aussagen über die Multiplizität oder Kopplunsgkonstante gemacht werden kann. Es ist allerdings zu erkennen, dass sich der Ligand verändert hat und somit eine Cyclometallierung von Platin erfolgte.

3.3 UV/Vis-Absorptionsspektroskopische Untersuchungen

Es wurden vom Liganden und Komplex UV/Vis-Absorptionsspektren aufgenommen. Der Ligand zeigt bis zu vier Absorptionsmaxima im Bereich von 250-400 nm (Tabelle 1), die π-π*-Übergängen (auch IL = Intraligand) zuzuordnen sind. Da also nichts im sichtbaren Bereich (etwa ab 400 nm) absorbiert wird, ist der Ligand farblos.

Tabelle 1: UV/Vis-Absorptionsbanden des Liganden gemessen in Dichlormethan bei RT.

Ligand	λ_1	λ_2	λ_3	λ_4
Ph(phpy)bnzthaz	257	271	329	398sh

Der Zusatz „sh" kennzeichnet eine Schulter. Die Wellenlänge λ ist angegeben in nm.

Der Komplex weist bis zu fünf Absorptionsmaxima im Bereich von 250-470 nm auf (Tabelle 2). Zudem sind intensive Banden unter 300 nm mit Extinktionskoeffizienten von $\varepsilon > 10000$ L mol^{-1} cm^{-1} erwartungsgemäß π-π*-Übergängen zuzuordnen. Bei weniger intensiven Banden und höheren Wellenlängen ist auch eine Beteiligung des Metalls möglich. Denkbar sind d-d- oder MLCT-Übergänge (MLCT = Metall zu Ligand Charge-Transfer). Da in diesem Fall eine Absorption um 463 nm stattfindet, ist davon auszugehen, dass der Komplex im sichtbaren Licht farbig erscheint. Tatsächlich erscheint der Komplex in der Komplementärfarbe der absorbierten Wellenlänge, welche in diesem Fall gelb ist.

Tabelle 2: UV/Vis-Absorptionsbanden des Komplexes gemessen in Dichlormethan bei RT.

Komplex	λ_1	λ_2	λ_3	λ_4	λ_5
[Pt(Ph(phpy)bnzthaz)Cl]	250	306	352	376sh	463

Der Zusatz „sh" kennzeichnet eine Schulter. Die Wellenlänge λ ist angegeben in nm.

Um den Liganden mit dem Komplex zu vergleichen, wurden beide Spektren in ein Diagramm gelegt (Abbildung 8). Der Komplex weist eine hypochrome Verschiebung der ersten beiden Absorptionsbanden auf. Die dritte ist hyperchrom verschoben. Die zweite und dritte sind auch bathochrom verschoben. Somit ist auf eine erfolgreiche Koordination des Platins zu schließen.

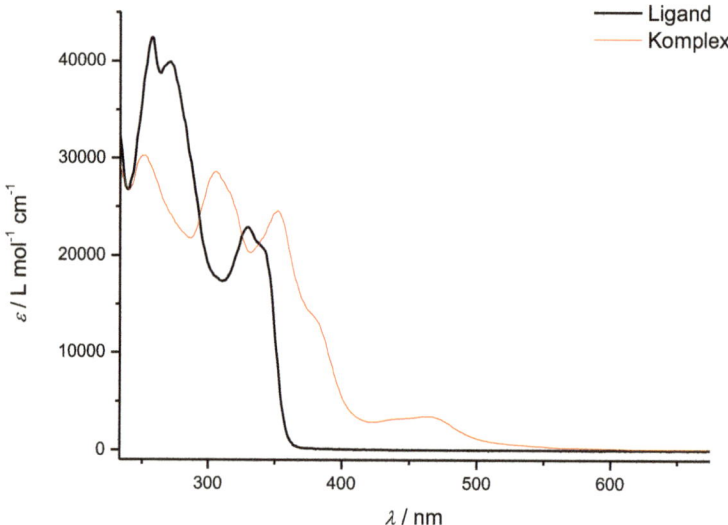

Abbildung 8: UV/Vis-Absorptionsspektren des Liganden Ph(phpy)bnzthaz im Vergleich zum Komplex [Pt(Ph(phpy)bnzthaz)Cl] gemessen in Dichlormethan bei RT.

3.4 Emissionsspektroskopische Untersuchungen

Der Komplex emittiert Licht bei Raumtemperatur in Lösung, daher wurde ein Emissionsspektrum aufgenommen. Durch das große π-konjugierte System und die Benzthiazol-Einheit erfolgt eine Emission in Lösung bei Raumtemperatur. Die

Emission wird einem angeregten Zustand mit gemischtem IL/MLCT-Charakter zugeschrieben.[15,16]

Das Emissionsspektrum des hergestellten Komplexes in Dichlormethan ist in Abbildung 9 gezeigt. Das Emissionsmaximum der Verbindung liegt bei 638 nm. Es wurde mit einer Anregungswellenlänge von 530 nm angeregt (siehe Anhang). Ebenfalls hätte mit einer Wellenlänge von 350-530 nm angeregt werden können. Somit konnte die Emission mithilfe einer UV-Lampe mit einer langwelligen Anregung im UV-Bereiche von 365 nm bestätigt werden. Der Komplex erscheint in Dichlormethan-Lösung orange, welche auch die Farbe der zugehörigen Wellenlänge ist, die in diesem Fall emittiert wurde. Somit konnte die Phosphoreszenz des Komplexes bestätigt werden.

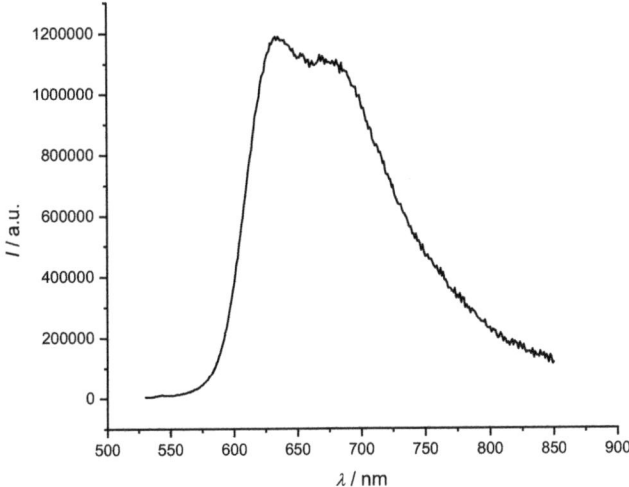

Abbildung 9: Emissionsspektrum des Komplexes [Pt(Ph(phpy)bnzthaz)Cl] gemessen in Dichlormethan bei RT.

3.5 Cyclovoltammetrische Messungen

Um das Reduktions- und Oxidationsverhalten von Ligand und Komplex zu untersuchen, wurden Cyclovoltammogramme beider Verbindungen aufgenommen.

Der Ligand ist im messbaren Bereich bis etwa 1,3 V nicht oxidierbar. Es sind drei Reduktionen zu beobachten, deren Halbstufenpotentiale bzw. Peakpotentiale in Abbildung 10 zu finden sind. Der kathodische Peakpotential ist das Potential der dritten Reduktion. Die ersten beiden Reduktionen sind reversibel, während die dritte irreversibel ist.

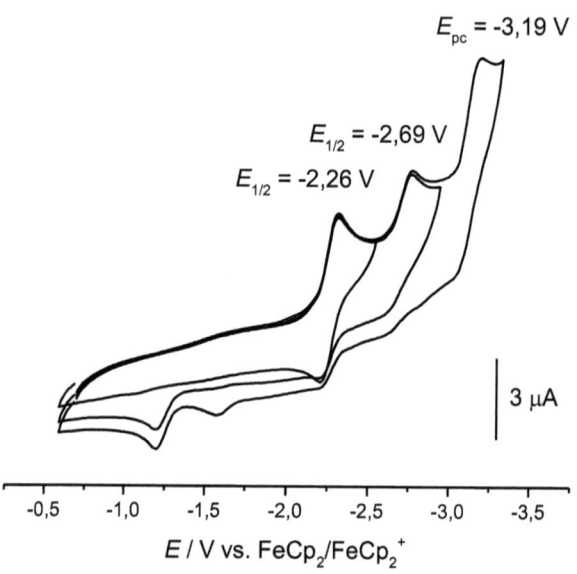

Abbildung 10: Cyclovoltammogramm vom Liganden Ph(phpy)bnzthaz gemessen in 0,1 M nBu$_4$NPF$_6$/THF-Lösung gegen Ferrocen/Ferrocenium mit einer Vorschubgeschwindigkeit von 100 mV/s, Halbstufenpotential $E_{1/2}$, kathodisches Peakpotential E_{pc}.

Für den Komplex sind zwei Reduktionen gemessen worden, welche beide reversibel sind (Abbildung 11). Ebenfalls sind die beiden Halbstufenpotentiale der Reduktionen eingezeichnet. Bei der ersten Reduktion ist ein Halbstufenpotential von -1,49 V gemessen worden und bei der zweiten eins von -2,14 V. Es fällt auf, dass die

Reduktionen bei einer niedrigeren negativen Spannung möglich sind als beim Liganden. Somit handelt es sich um eine anodische Verschiebung. Ohne weitere Messungen konnte nicht darauf geschlossen werden, wie sich die Reduktionen verhalten, es ist allerdings zu vermuten, dass dies im Liganden passiert.

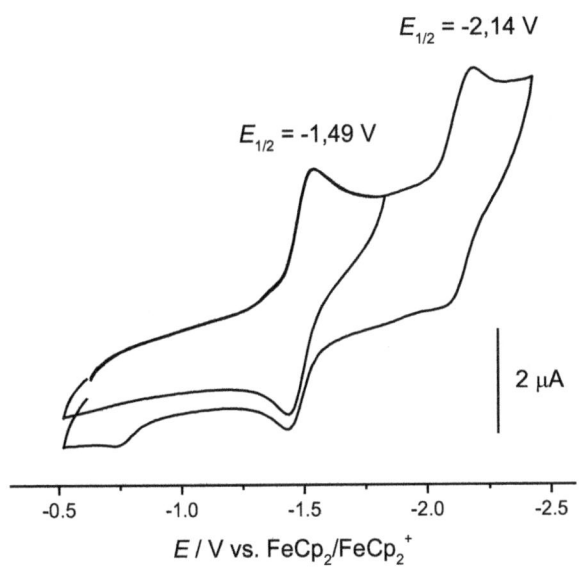

Abbildung 11: Cyclovoltammogramm vom Komplex [Pt(Ph(phpy)bnzthaz)Cl] gemessen in 0,1 M *n*Bu₄NPF₆/THF-Lösung gegen Ferrocen/Ferrocenium mit einer Vorschubgeschwindigkeit von 100 mV/s, Halbstufenpotential $E_{1/2}$.

4 Zusammenfassung und Ausblick

Für die Entwicklung der phosphoreszierenden Komplexe konnte eine neue Verbindung mit großem π-konjugiertem System mit Benzthiazol-Einheit im Liganden synthetisiert und charakterisiert werden. Der Komplex konnte erfolgreich spektroskopisch und elektrochemisch untersucht werden und zeigte gute Emission. Bei Anregung des Komplexes erschien dieser orange.

Der C^N^N-Ligand Ph(phpy)bnzthaz wurde über 3 Stufen synthetisiert und ist noch nicht literaturbekannt. Dieser wurde mit $K_2[PtCl_4]$ zu einem monocyclometallierten Komplex umgesetzt. Es ist davon auszugehen, dass die Koordinationssphäre von Platin durch die Koordination mit dem N-Atom der Benzthiazol-Einheit und einem Chlorid-Liganden abgesättigt wird. Ebenfalls deuten die Ergebnisse der NMR- und UV/Vis-Spektroskopie auf eine Koordination des Metalls am N-Atom des Pyridin-Rings hin. Über Massenspektrometrie ließe sich eventuell die Molmasse des Komplexes ermitteln. Ebenfalls könnte eine Elementaranalyse wichtige Informationen liefern.

Während der Ligand dreifach reduzierbar ist, ist der Komplex zweifach reduzierbar. Die beiden Reduktionen des Komplexes sind reversibel und erfolgen vermutlich im Liganden. Durch spektroelektrochemische Untersuchungen könnte dies bestätigt werden.

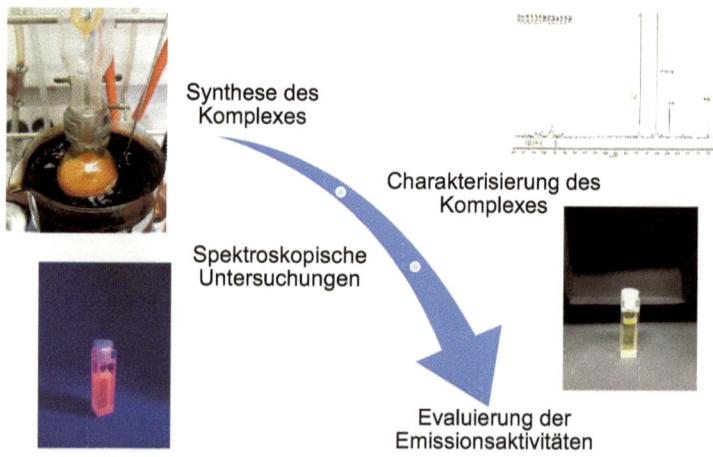

Synthese des Komplexes

Charakterisierung des Komplexes

Spektroskopische Untersuchungen

Evaluierung der Emissionsaktivitäten

Abbildung 12: Schematische Darstellung der Synthese von [Pt(Ph(phpy)bnzthaz)Cl], ihre Charakterisierung, Untersuchungen und anschließende Zusammenfassung der Emissionsaktivitäten.

Der hergestellte Komplex emittiert bei Raumtemperatur in Lösung mit Absorptionsmaxima von 250-470 nm. Es wurde keine Quantenausbeute bestimmt. Für die gute emittierende Eigenschaft sind die Benzthiazol-Einheit und die Cyclometallierung verantwortlich. Die Emission wird angeregten Triplett-Zuständen mit gemischtem IL/MLCT-Charakter zugeschrieben. Das große π-konjugierte Ligandensystem spielt bei der Effizienz der Emission in Lösung eine wichtige Rolle. Denkbar ist auch ein Austausch der Ringe oder Substitution am Phenyl-Ring. Zudem kann auch der Coligand ausgetauscht werden, um zu überprüfen, welche Eigenschaften die Emission verbessern.

5 Experimentalteil

5.1 Allgemeine Arbeitsweise

Für die Reaktionen wurden Reagenzien und Lösungsmittel ohne Vorbehandlung verwendet. Chemikalien, die kommerziell erworben sind, sind in Tabelle 3 mit Angabe des Herstellers aufgelistet. Das Lösungsmittel THF wurde nach den üblichen Standardmethoden, d.h. hier speziell durch Refluxieren über einer Natrium-Kaliumlegierung (30/70) und anschließender Destillation, getrocknet. Das Salz des Edelmetalls ($K_2[PtCl_4]$) wurde zum einen aus den Elementen und durch die Aufarbeitung von Chemikalienresten erhalten und zum anderen, wie aus Tabelle 3 zu entnehmen, kommerziell erworben.

Tabelle 3: Kommerziell erworbene und verwendete Chemikalien.

Abkürzung	Substanz	Hersteller
Acph	Acetophenon	Acros Organics
NH_4OAc	Ammoniumacetat	Sigma-Aldrich
Bnzald	Benzaldeyhd	Acros Organics
Bnzthaz	Benzothiazol	Sigma-Aldrich
BuLi	Butyllithium	Acros Organics
HOAc	Essigsäure	Fischer
I_2	Iod	Acros Organics
KOH	Kaliumhydroxid	Fischer
$K_2[PtCl_4]$	Kaliumtetrachloroplatinat	abcr
MeOH	Methylhydroxid	Acros Organics
DMAc	N,N-Dimethylacetamid	Acros Organics
Py	Pyridin	Fischer

NMR-Spektroskopie

Die NMR-Spektren wurden an einem *Bruker Avance II 300 MHz* Spektrometer bei Raumtemperatur aufgenommen (^1H Resonanzfrequenz von 300,13 MHz). Chemische Verschiebungen δ wurden relativ zu Tetramethylsilan (TMS) angegeben. Die Auswertung und Darstellung erfolgte mit *MestReNova 6.0.*

UV/Vis-Absorptionsspektroskopie

UV/Vis-Absorptionsspektren wurden an einem *Varian Cary50 Scan* Photospektrometer in Dichlormethan bei Raumtemperatur aufgenommen. Die Messungen erfolgten in einer Quarzglasküvette mit einer Schichtdicke von 1 cm.

Emissionsspektroskopie

Emissionsspektren wurden an einem Spex FluoroMax-3 von *HORIBA* Jobin Yvon aufgenommen.

Elektrochemie

Cyclovoltammogramme wurden an einem *PG STAT 30* Potentiostaten der Firma *Metrohm* gemessen. Die Messungen erfolgten in 0,1 M nBu$_4$NPF$_6$/THF-Lösung mit einer Dreielektrodenanordnung: Glas-Kohlenstoff-Arbeitselektrode, Platin-Gegenelektrode und Ag/AgCl-Referenzelektrode. Die Vorschubgeschwindigkeit betrug 100 mV/s. Als interner Standard diente bei allen Messungen das Ferrocen/Ferrocenium-Redoxpaar.

Die Auswertung der Cyclovoltammogramme, UV/Vis- und Emissionsspektren erfolgte mit *OriginPro 2015*.

5.2 Synthese der Liganden-Vorstufen

5.2.1 Vorschrift zur Synthese des Acetylmethylpyridiniumiodids[10]

In 20 ml Pyridin wurden 1,75 g Iod (6,88 mmol, 1 Äq.) und 1,22 g 2-Acetylbenzothiazol (6,88 mmol, 1 Äq.) gelöst und für 2 h bei 120 °C gerührt. Nach Abkühlen auf Raumtemperatur fiel ein Feststoff aus, welcher abfiltriert und mit Pyridin gewaschen wurde. Nach Waschen mit Aceton wurde dieser an der Luft getrocknet.

Es konnte keine Analytik durchgeführt werden, da nicht das gewünschte Produkt ausfiel, sondern Pyridiniumiodid.

1-[2-Oxo-2-(benzothiazol-2-yl)ethyl]pyridiniumiodid

M   C$_{14}$H$_{11}$N$_2$OSI (382,22 g/mol).

5.2.2 Vorschrift zur Synthese des entsprechenden Methylketons[12]

In einer ausgeheizten und mit Argon gefluteten Apparatur wurden 3,3 ml einer Benzothiazol-Lösung (30 mmol, 1 Äq.) in 60 ml trockenem THF aufgenommen. Unter Argon wurde das Gemisch auf -78 °C mithilfe eines Isopropanol/Trockeneis-Gemisches gekühlt. Langsam wurden 27,5 ml BuLi (in Pentan gelöst) (1,2 M, 1,1 Äq.) tropfenweise zugegeben und für eine Stunde gerührt. Unter Argon wurden 2,8 ml N,N-Dimethylacetamid (30 mmol, 1,0 Äq.) hinzugegeben und für eine weitere Stunde gerührt. Anschließend wurde das Kältebad entfernt und 6 ml konz. HCl-Lösung hinzugetropft. Die Lösung wurde über Nacht gerührt und anschließend wurde die gleiche Menge an Wasser hinzugegeben. Es wurde dreimal mit jeweils 150 ml Ethylacetat extrahiert und die gesammelten organischen Phasen über Magnesiumsulfat getrocknet. Das Lösungsmittel wurde unter vermindertem Druck entfernt und der ölige Rückstand wurde säulenchromatographisch (Cyclohexan/Ethylacetat = 10/1) aufgereinigt. Das Lösungsmittel wurde wieder unter vermindertem Druck entfernt und das Rohprodukt wurde als gelblicher Feststoff enthalten.

1-(1,3-Benzothiazol-2-yl)ethanon

Farbe: gelblich.

Ausbeute: 1,22 g (6,88 mmol, 23 %).

M C_9H_7NOS (177,22 g/mol).

^{1}H-NMR: (300 MHz, CDCl$_3$) δ / ppm: 8,19 (d, J = 7.5 Hz, 1H), 7.99 (d, J = 7.4 Hz, 1H), 7.56 (m, 2H), 2.83 (s, 3H, CH$_3$).

5.2.3 Vorschrift zur Synthese des Chalkons[15]

Es wurden 0,54 g Kaliumhydroxid (fünf Pellets) in 30 ml Methanol gelöst. Anschließend wurden 3,0 ml Benzaldehyd (30 mmol, 1,0 Äq.) und 3,5 ml Acetophenon (30 mmol, 1 Äq.) hinzugegeben. Nach 2 h Rühren wurde das Lösungsmittel unter vermindertem Druck entfernt. Zum öligen Rückstand wurden 7 ml Ethanol dazugegeben und kurz bei 50 °C erwärmt, bis sich alles löste. Das Gemisch wurde über Nacht in den Kühlschrank gestellt. Nach Zugabe von kleinen Mengen Wasser fiel das Produkt aus. Dieser wurde mit kaltem Ethanol gewaschen und getrocknet. Das Produkt wurde als gelblicher Feststoff erhalten.

1,3-Diphenyl-2-propen-1-on

Farbe: gelblich.

Ausbeute: 3,43 g (16,47 mmol, 55 %).

M $C_{15}H_{12}O$ (208,26 g/mol).

1H-NMR: (300 MHz,CDCl₃) δ / ppm: 8.01 (s, 1H), 7.79 (s, 2H), 7.56 – 7.41 (m, 9H).

5.3 Vorschrift zur Synthese des C^N^N-Liganden[9]

3,27 g des Kröhnke-Reagenzes (8,55 mmol, 1 Äq.) und 6,59 g Ammoniumacetat (85,5 mmol, 10 Äq.) wurden in 30 ml Essigsäure gelöst und auf 130 °C erhitzt. Nach 10 min wurden 1,78 g des Chalkons (8,55 mmol, 1 Äq.) hinzugegeben. Das Gemisch wurde über Nacht bei der gleichen Temperatur gerührt. Das Lösungsmittel wurde unter vermindertem Druck entfernt. Der ölige Rückstand wurde in 100 ml Chloroform aufgenommen und zweimal mit jeweils 100 ml Wasser gewaschen. Nach Trocknen mit Magnesiumsulfat wurde die organische Phase vom Lösungsmittel unter vermindertem Druck befreit. Das Rohprodukt wurde durch Kieselgelfiltration (Cyclohexan/ Ethylacetat = 10/1) aufgereinigt und aus wenig Ethanol umkristallisiert. Es wurde ein farbloser Feststoff erhalten.

2,4-Diphenyl-6-(benzothiazol-2-yl)pyridin (Ph(phpy)bnzthaz)

Farbe: farblos.

Ausbeute: 0,79 g (2,17 mmol, 25 %).

M $C_{24}H_{16}N_2S$ (364,47 g/mol).

^{1}H-NMR: (300 MHz,CDCl$_3$) δ / ppm: 8.56 (s, 1H), 8.23 (d, J = 6.9 Hz, 3H), 8.13 (d, J = 7.7 Hz, 3H), 8.07 (s, 1H), 7.99 (d, J = 8.5 Hz, 3H), 7.84 (d, J = 9.5 Hz, 3H), 7.56 (d, J = 1.8 Hz, 2H).

5.4 Vorschrift zur Synthese des Komplexes[15]

Es wurden 0,2005 g C^N^N-Ligand (0,55 mmol, 1,1 Äq.) und 0,2075 g K$_2$[PtCl$_4$] (0,50 mmol, 1 Äq.) mit 65 ml Essigsäure versetzt und bei 110 °C für drei Tage gerührt. Das Gemisch wurde nach Abkühlen auf Raumtemperatur über einen Glasfiltertiegel filtriert, mit Essigsäure und Wasser gewaschen und mit Aceton nachgewaschen. Das Produkt wurde unter Vakuum getrocknet und es wurde ein orangener Feststoff erhalten.

[Pt(Ph(phpy)bnzthaz)Cl]

Farbe: orange.

Ausbeute: 0,21 g (0,36 mmol, 72 %).

M   C$_{24}$H$_{15}$N$_2$SPtCl (593,99 g/mol).

¹H-NMR: (300 MHz, DMSO-*d*₆) δ / ppm: 8.93 (s, 1H), 8.70 (s, 1H), 8.41 (d, *J* = 14.8 Hz, 2H), 8.22 (s, 2H), 8.10 (s, 1H), 7.75 (d, *J* = 2.8 Hz, 2H), 7.64 (d, *J* = 16.8 Hz, 2H), 7.48 (s, 1H), 7.30 (s, 1H), 7.10 (s, 2H).

6 Literaturverzeichnis

[1]   E. Riedel, C. Janiak, *Anorganische Chemie*, 7 ed., Walter de Gruyter, Berlin, **2007**.

[2]   P. W. Atkins, J. De Paula, *Physikalische Chemie*, 5 ed., Wiley-VCH, Weinheim, **2013**.

[3]   D. Hertel, C.D. Müller, K. Meerholz, *Chem. Unserer Zeit* **2005**, *39*, 336-347.

[4]   Manfred Hesse, Herbert Meier, Bernd Zeeh, *Spektroskopische Methoden in der organischen Chemie*, Thieme, Stuttgart, **2005**.

[5]   J. A. G. Williams, in *Photochemistry and Photophysics of Coordination Compounds II*, Springer, Berlin, Heidelberg, **2007**, 205-268.

[6]   K. Li, *Photoluminescent organoplatinum (II) complexes containing N-heterocyclic carbene (NHC) ligands*, Hong Kong, **2013**.

[7]   J. A. G. Williams, S. Develay, D. L. Rochester, L. Murphy, *Coord. Chem. Rev.* **2008**, *252*, 2596-2611.

[8]   W. Zecher, F. Kröhnke, *Chem. Ber.* **1961**, *94*, 690-697.

[9]   L. Kürti, B. Czakó, *Strategic Applications of Named Reactions in Organic Synthesis*, Elsevier, Oxford, **2005**.

[10]   J. Kankare, H. Takalo, E. Hanninen, M. Helenius, V. M. Mukkala, Google Patents, **1993**.

[11]   A. Gazit, K. Yee, A. Uecker, F.-D. Böhmer, T. Sjöblom, A. Östman, J. Waltenberger, G. Golomb, S. Banai, M. C. Heinrich, A. Levitzki, Bioorg. *Med. Chem.* **2003**, *11*, 2007-2018.

[12]   H. Yang, N. Huo, P. Yang, H. Pei, H. Lv, X. Zhang, *Org. Lett.* **2015**, *17*, 4144-4147.

[13]   B. Liu, Y. Bao, F. Du, H. Wang, J. Tian, R. Bai, *Chem. Comm.* **2011**, *47*, 1731-1733.

[14] G. W. V. Cave, N. W. Alcock, J. P. Rourke, *Organometallics* **1999**, *18*, 1801-1803.

[15] S. C. F. Kui, F.-F. Hung, S.-L. Lai, M.-Y. Yuen, C.-C. Kwok, K.-H. Low, S. S.-Y. Chui, C.-M. Che, *Chem. Eur. J.* **2012**, *18*, 96-109.

[16] L. Wang, Y. Zhang, J. Li, H. He, J. Zhang, *Dalton Trans.* **2014**, *43*, 14029-14038.

7 Anhang

7.1 ¹H-NMR-Spektren der hergestellten Verbindungen

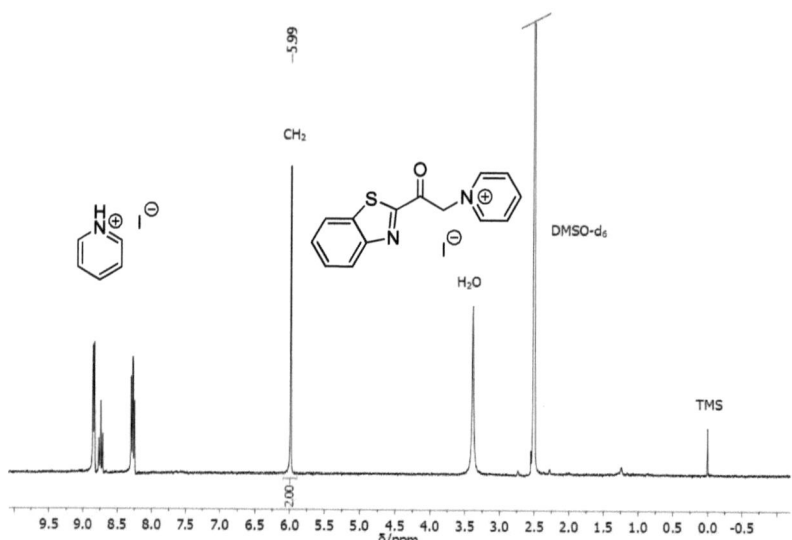

Abbildung 13: ¹H-NMR-Spektrum (300 MHz) von 1-[2-Oxo-2-(benzothiazol-2-yl)ethyl]pyridiniumiodid in DMSO-d_6.

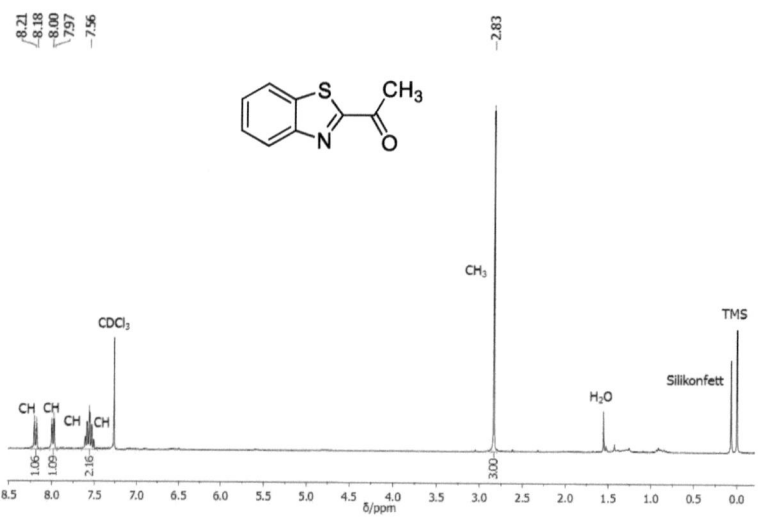

Abbildung 14: ¹H-NMR-Spektrum (300 MHz) von 1-(1,3-Benzothiazol-2-yl)ethanon in CDCl₃.

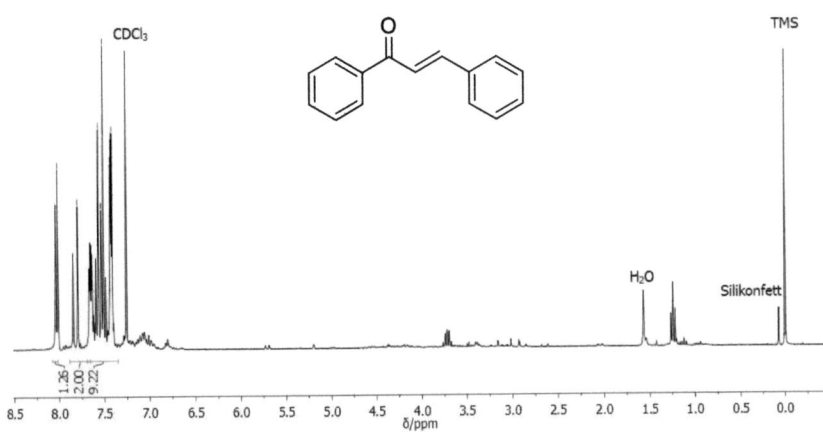

Abbildung 15: ¹H-NMR-Spektrum (300 MHz) von 1,3-Diphenyl-2-propen-1-on in CDCl₃.

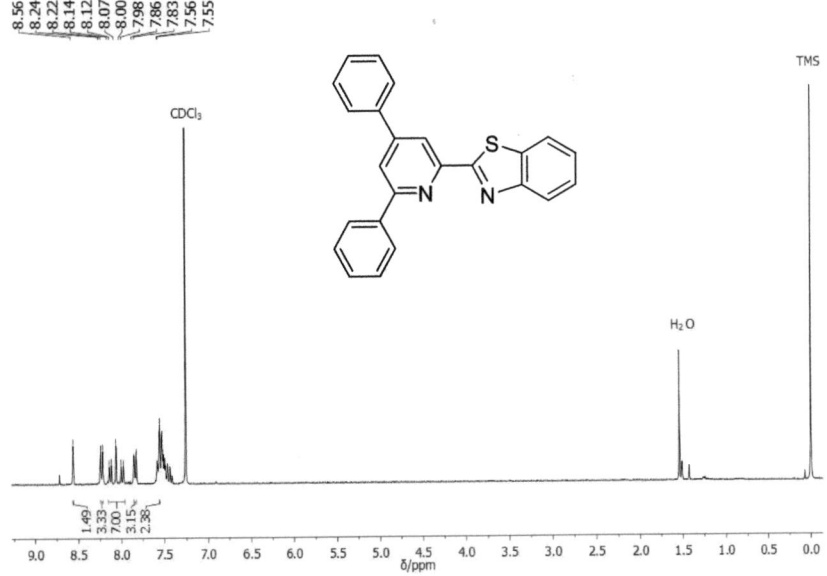

Abbildung 16: ¹H-NMR-Spektrum (300 MHz) von Ph(phpy)bnzthaz in CDCl₃.

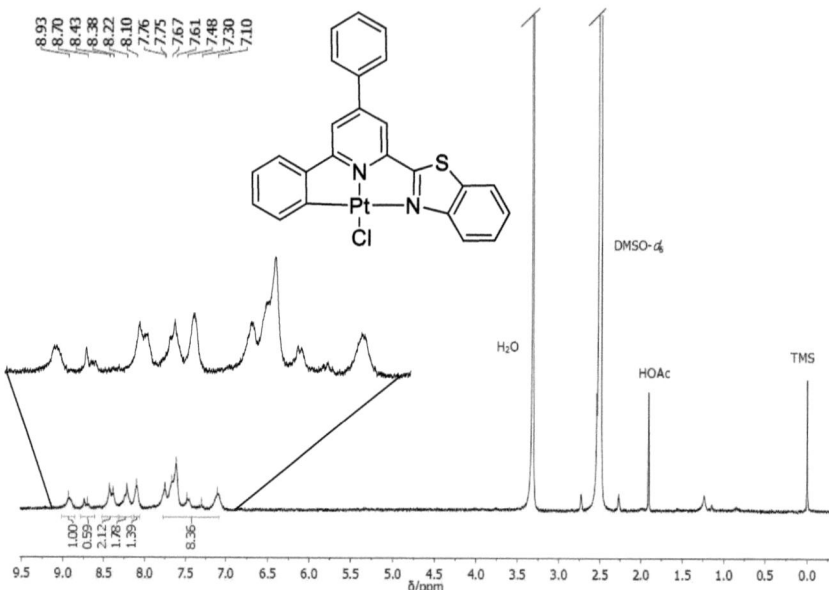

8.93 8.70 8.43 8.38 8.22 8.10 7.76 7.75 7.67 7.61 7.48 7.30 7.10

DMSO-d_6

H$_2$O

HOAc

TMS

1.00 0.59 2.12 1.78 1.39 8.36

9.5 9.0 8.5 8.0 7.5 7.0 6.5 6.0 5.5 5.0 4.5 4.0 3.5 3.0 2.5 2.0 1.5 1.0 0.5 0.0
δ/ppm

Abbildung 17: ^{1}H-NMR-Spektrum (300 MHz) von [Pt(Ph(phpy)bnzthaz)Cl] in DMSO-d_6.

7.2 UV/Vis-Absorptionsspektren der hergestellten Verbindungen

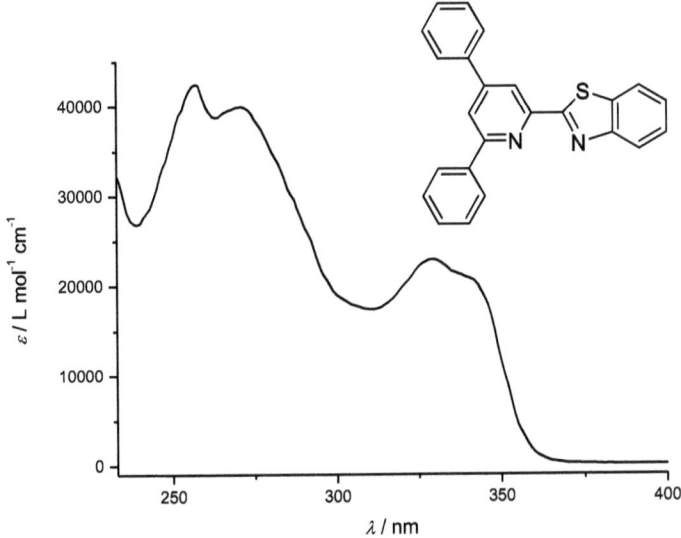

Abbildung 18: UV/Vis-Absorptionsspektrum des Liganden Ph(phpy)bnzthaz gemessen in Dichlormethan bei RT.

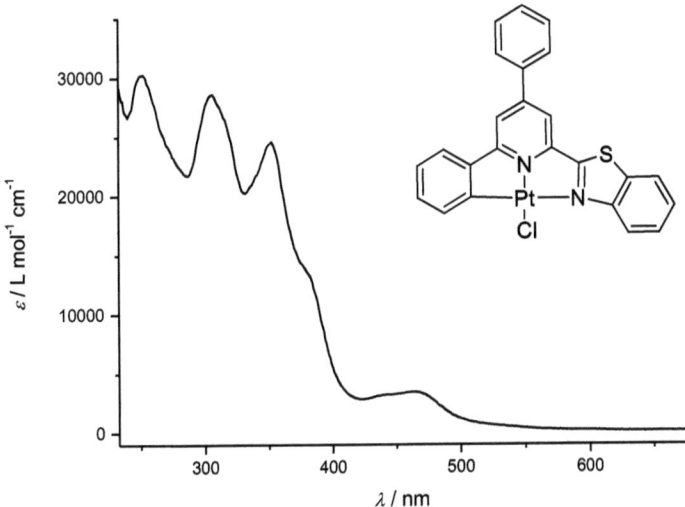

Abbildung 19: UV/Vis-Absorptionsspektrum des Komplexes [Pt(Ph(phpy)bnzthaz)Cl] gemessen in Dichlormethan bei RT.

7.3 Anregungsspektrum des Komplexes

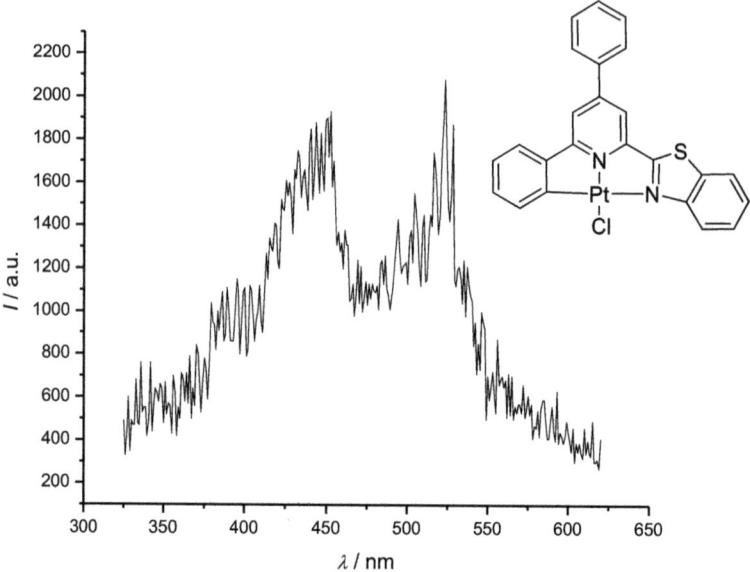

Abbildung 20: Anregungsspektrum des Komplexes [Pt(Ph(phpy)bnzthaz)Cl] gemessen in Dichlormethan bei RT.

7.4 2D-Spektren des Liganden

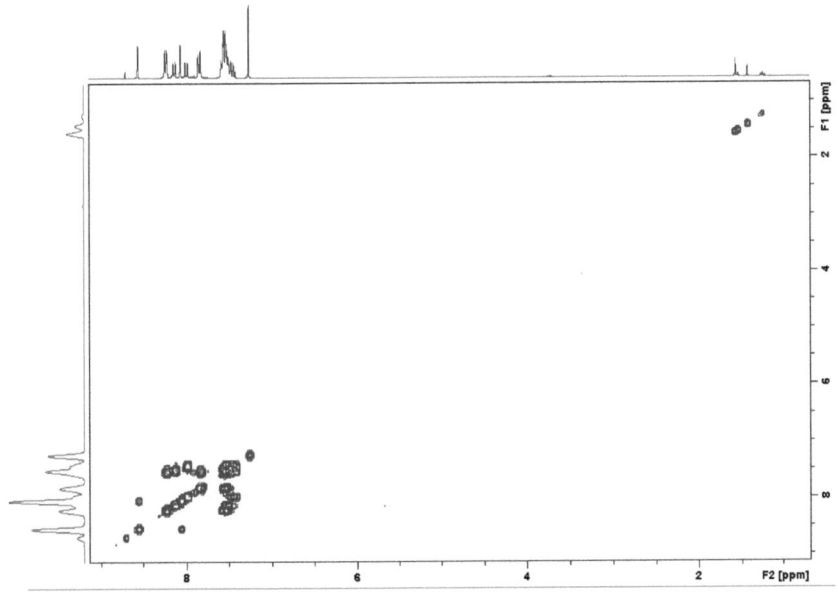

Abbildung 21: ¹H-¹H-COSY-Spektrum (300 MHz) von Ph(phpy)bnzthaz in CDCl₃.

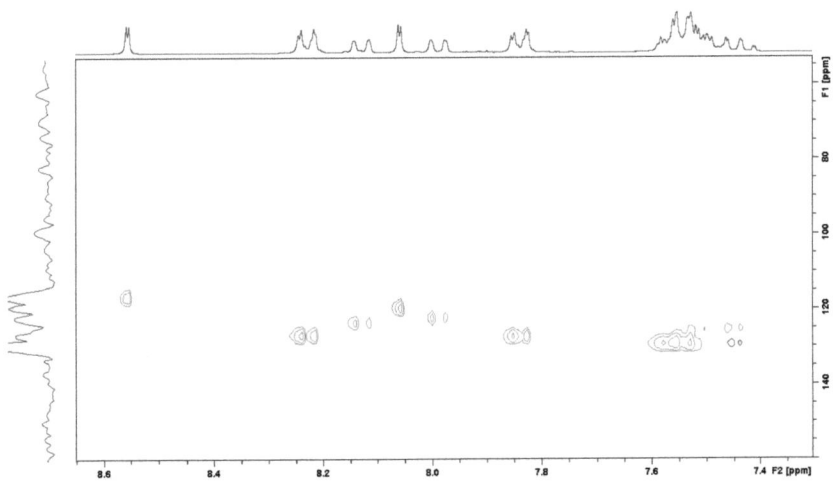

Abbildung 22: HSQC-Spektrum (300 MHz) von Ph(phpy)bnzthaz in CDCl₃.

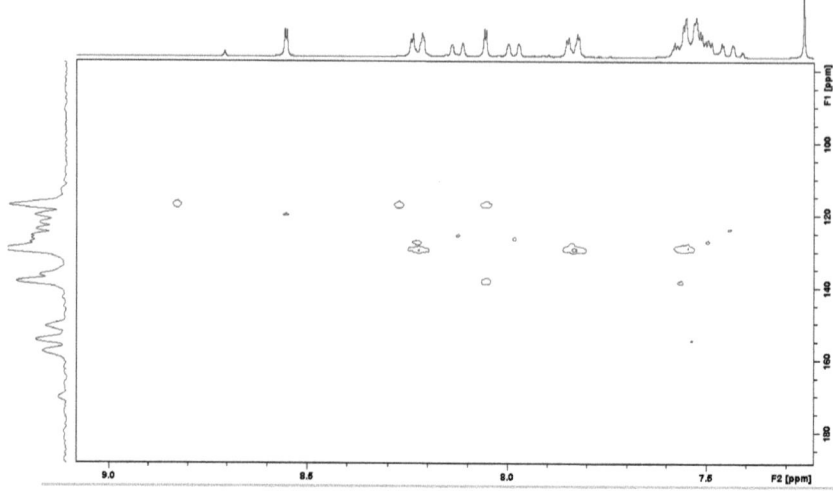

Abbildung 23: HMBC-Spektrum (300 MHz) von Ph(phpy)bnzthaz in CDCl₃.